REAL LIFE MATHS CHALLENGES

数学思维来帮忙

  宇航员

[美] 约翰·艾伦/著　陈莹/译

U0392321

北京时代华文书局

图书在版编目（CIP）数据

数学思维来帮忙. 宇航员 / （美）约翰·艾伦著；陈莹译. — 北京：北京时代华文书局，2020.12
ISBN 978-7-5699-4012-1

Ⅰ．①数… Ⅱ．①约… ②陈… Ⅲ．①数学—儿童读物 Ⅳ．①O1-49

中国版本图书馆CIP数据核字(2020)第261940号

北京市版权局著作权合同登记号 图字：01-2019-4691

Original title copyright:©2019 Hungry Tomato Ltd
Text and illustration copyright ©2019 Hungry Tomato Ltd
First published 2019 by Hungry Tomato Ltd
All Rights Reserved.
Simplified Chinese rights arranged through CA-LINK International LLC
(www.ca-link.cn)

拼音书名｜SHUXUE SIWEI LAI BANGMANG YUHANGYUAN

出 版 人｜陈 涛
选题策划｜许日春
责任编辑｜沙嘉蕊
责任校对｜薛 治
装帧设计｜孙丽莉
责任印制｜訾 敬

出版发行｜北京时代华文书局 http://www.bjsdsj.com.cn
　　　　　北京市东城区安定门外大街138号皇城国际大厦A座8层
　　　　　邮编：100011 电话：010-64263661 64261528
印　　刷｜河北环京美印刷有限公司　　　电话：010-63568869
　　　　　（如发现印装质量问题，请与印刷厂联系调换）
开　　本｜889 mm×1194 mm　1/16　　印 张｜2　字 数｜30千字
成品尺寸｜210 mm×285 mm
版　　次｜2023年7月第1版　　　　印 次｜2023年7月第1次印刷
定　　价｜224.00元（全8册）

目 录
Contents

欢迎来到太空

你有一份很棒的工作——你是一名即将去火星旅行的宇航员！你很快就要进行第一次太空旅行了。那会是什么样子？在这本书中，你会发现宇航员每天都要解决许多数学问题。

书里写了什么？

了解一下宇航员是什么样的

回答问题并提高数学技能

如果你被问题难住了，第30—31页有一些提示可以帮助你

图表将帮助你回答数学问题

注意有关太空的情况

宇航员必备的技能

宇航员也是科学家，要进行重要的研究。

有些宇航员是顶级飞行员，他们驾驶过飞机。

任何进入太空的人都必须保持体形。

航天器中没有太多空间，与其他宇航员相处很重要。

你需要纸和铅笔，别忘了你的宇航服！我们出发吧……

你知道宇航员需要掌握什么数学知识吗？

奔向火星

你被选中参加火星任务。途中你将经过384 400千米以外的月球。让我们来了解一下月球。

你发现月亮好像改变形状了吗？从一个满月到下一个满月需要29天。这被称为朔望月。

月球的直径
大约是地球的 $\frac{1}{4}$

1 两个朔望月有多少天？

2 上一题的答案是奇数还是偶数？

（第30页有小提示，可以帮你回答这个问题。）

月亮的形状

月亮似乎每天都会改变形状，我们看到的月亮其实是月球中被太阳照亮的部分。下面是我们能看到的月亮的一些形状。

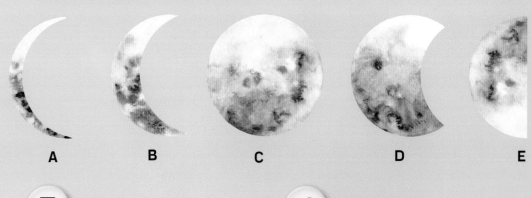

A   B   C   D   E

3 哪个形状是圆形？

4 E的形状是什么？

地球

到月球的距离大约相当于绕地球10圈！看看你能否回答这些关于10的问题。

5 你每天跑3千米。如果你跑了3千米的10倍远，你跑了多少千米？

6 你平常一次喝100毫升牛奶，如果你这次喝了10倍的牛奶，那是多少牛奶？

7 你有一只宠物鼠。想象一下，如果它长大了10倍，它的大小和哪一个相似？
A. 一只天竺鼠　　B. 一只狗　　C. 一头大象

宇航员的训练

　　宇航员要花很长时间训练才能成为一名合格的宇航员。训练很辛苦但很有趣。宇航员要学习如何驾驶飞船，在水下训练如何在太空行走。

　　太空中没有空气，当宇航员走出飞船时，宇航服为他们提供呼吸需要的氧气。

关于宇航员的数据表

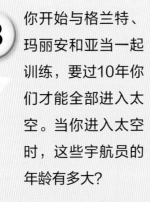

8 你开始与格兰特、玛丽安和亚当一起训练，要过10年你们才能全部进入太空。当你进入太空时，这些宇航员的年龄有多大？

（第30页有小提示，可以帮你回答这个问题。）

姓名	格兰特	玛丽安	亚当
年龄	21岁	22岁	25岁
身高	1.78米	1.59米	1.82米

9 第一艘宇宙飞船非常小，必须是身材矮小的宇航员才能进去。这些宇航员中谁最适合进入小型的飞船？

10 宇航员在太空中穿的是一套特殊的衣服，宇航服重约22千克。数字22在20到30之间，还有哪些整数在20到30之间？

飞行训练

作为训练的一部分，你必须学会如何驾驶飞机。驾驶飞机对你来说很重要。

11 下图中的战斗机顺时针旋转了 $\frac{1}{4}$ 圈。

A、B、C、D四个图还有哪些飞机转了 $\frac{1}{4}$ 圈？

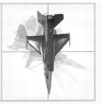

（第30页有小提示，可以帮你回答这个问题。）

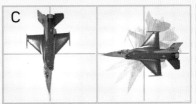

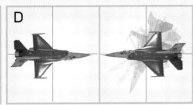

太空火箭

你已经完成了训练，准备去火星，太空火箭已经准备好发射了。

火箭底部有五根管子，它们已经按一定的模式排列好了。

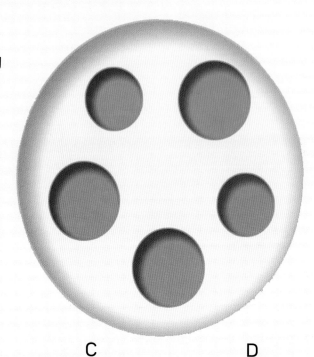

12 下面哪枚火箭的管子排列和右图是一样的？

A	B	C	D

13 火箭可以在发射台停留几个星期，这个时钟显示了离发射还有多长时间。大约还有 _____。

A. 1周　**B.** 1天

C. 2天　**D.** 半天

（第30页有小提示，可以帮你回答这个问题。）

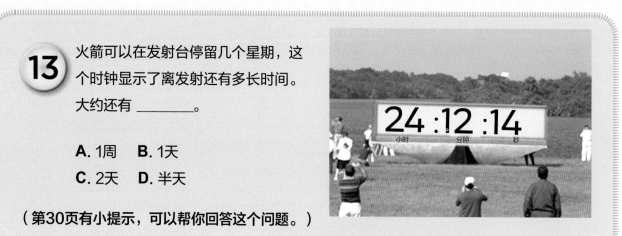

你能在发射塔上找到这个形状吗？

14 这个形状有多少条边？

15 这个形状有几个角？

引擎在火箭的底部，宇航员坐在火箭顶部附近。

16 可以在火箭中找到这些形状，你能叫出它们的形状名称吗？

（第30页有小提示，可以帮你回答这些问题。）

你的火箭准备发射到太空去了！

我们起飞了！

这就是太空火箭！你向你的家人和朋友道别，然后进入太空火箭。你进行最后的检查，然后系好座位上的安全带准备起飞。

上午10时，燃料被装进太空火箭，3小时后你将进入太空火箭，然后你要花2小时做最后的检查。再过1小时后，火箭发射进入太空。

17 你能算出火箭在什么时候发射吗？

（第30页有小提示，可以帮你回答这个问题。）

18 宇航员必须擅长数数。你能把下面三组数列补充完整吗？

A	3	6	?	12
B	25	30	35	?
C	22	?	18	16

火箭升空后，部分部件脱落，火箭变得更轻，随后可以进入太空。图片显示了每个部件脱落的时间。

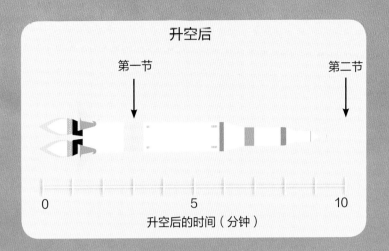

升空后

第一节

第二节

0   5   10

升空后的时间（分钟）

19 升空后多少分钟第一节脱落？

20 升空后多少分钟第二节脱落？

（第30页有小提示，可以帮你回答这些问题。）

宇宙飞船

宇宙飞船有一个窗户，无论何时，你都能看到窗外的星星，好多的星星。由星星组成的特定图案叫作星座，你周围的天空中有88个星座。

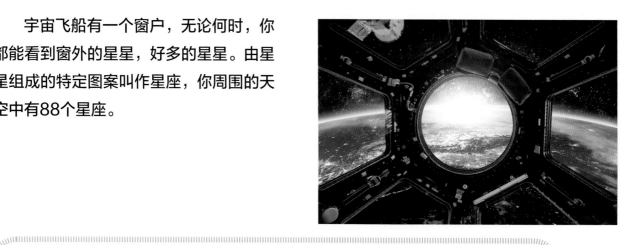

这是一个星座数量表：

77		79	80						87	88

21 表中不会出现哪些数字？

71　　85　　76　　89　　86　　84

22 这群星星叫北斗七星。在这个星座里你能看到多少颗星星？

23 北斗七星中有多少条连线？

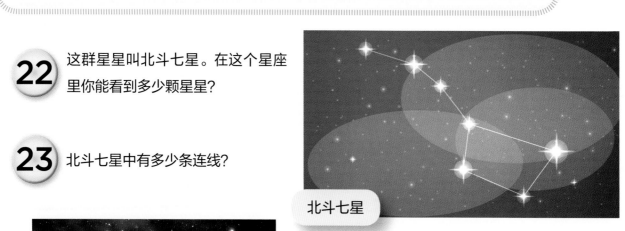

北斗七星

新星座

24 你看到一个新的星座，多少颗星星组成了这个星座的三角形部分？

25 多少颗星星组成这个星座的四边形部分？

恒星有7种类型，其中最大的一种是红超巨星，它比我们的太阳大很多，白矮星是最小的恒星类型之一。你在旅途中数星星，试试算一算下面几个关于星星的数学问题，你知道答案是什么吗？

26 11个红超巨星加上8个红超巨星是多少？

28 9个白矮星加上17个白矮星是多少？

27 14个红超巨星减去13个红超巨星是多少？

29 30个白矮星减去22个白矮星是多少？

（第30页有小提示，可以帮你回答这些问题。）

在太空中，我们能更清楚地看到星星。地球的大气层使人们在地上很难看清夜空。

太空里的生活

由于没有重力，宇航员要花几天的时间才能适应太空生活。飘浮的感觉很奇怪，好像你没有任何质量。在太空中，吃饭、喝水、睡觉等日常生活是很困难的。

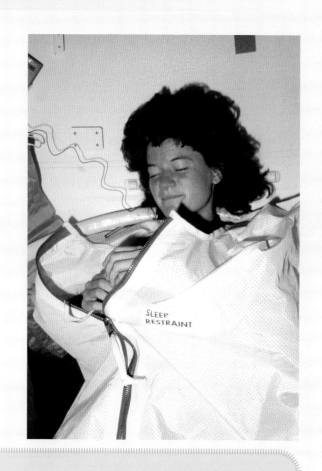

30 宇航员不会同时睡觉。你睡了4小时，然后醒了8小时，你每天都在重复这个模式。那么24小时内你会睡多少次？

（第30页有小提示，可以帮你回答这个问题。）

吃的食物

早饭	午饭	晚饭
燕麦	墨西哥薄饼	咖喱
葡萄干	鸡	米饭
梨	坚果	水果
橙汁	苹果汁	茶

31 大多数食物都采用小包装形式，这样食物就不会在飞船舱内四处飘浮。看看菜单，你在哪顿饭吃米饭？

32 早饭喝什么？

在太空中不能浪费水。宇航员有一种特别的淋浴方式，只需要很少的水。

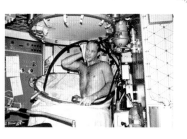

宇航员必须花时间到飞船外面查看，确保一切正常。

33 在太空中淋浴大约需要24杯水。假如1升等于4杯，淋浴用了多少升水？

34 除了淋浴，每个宇航员每天还要用2升水，那相当于多少杯水？

任务控制中心

在地球上，有些人员在任务控制室里工作，他们检查宇宙飞船是否正常运转，宇航员是否健康。

要想驾驶飞船，你还必须善于使用量具和刻度，来测试一下自己吧。

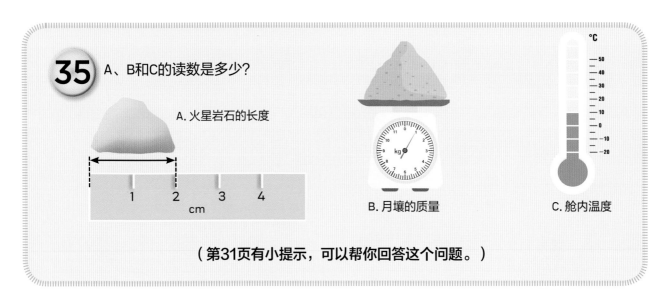

35 A、B和C的读数是多少？

A. 火星岩石的长度

B. 月壤的质量

C. 舱内温度

（第31页有小提示，可以帮你回答这个问题。）

电脑上显示出红色和绿色的灯。绿色表示一切正常，红色表示有问题出现。看下面灯光的颜色。

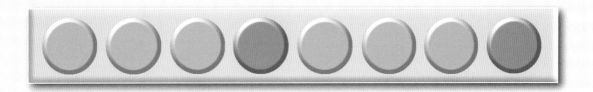

36 第2个灯是什么颜色？

37 第6个灯是什么颜色？

在太空中，物体会因为失重而飘浮起来。

这个食物棒在地球上重30克。

38 这些食物棒在地球上的质量是多少？

39 这些食物棒在地球上的质量是多少？

40 任务控制中心需要检查你是否已经累得不能清晰地思考问题了。给你一个难题：下面这个神秘数字是多少？

```
                A
神秘数字         -          4          =          8
```

我们的太阳系

我们的太阳系有8颗行星。地球就是其中之一。宇航员要知道所有的行星。

海王星

天王星

土星

41 哪些行星比地球更靠近太阳？

42 火星比地球大还是小？

43 地球和海王星哪个更大？

离地球最近的行星是金星和火星。

44 这两个行星中哪个被称为"红色星球"？

45 这两个行星中哪个有两颗卫星？

金星的真实面貌

• 非常热

• 表面覆盖着气体

• 没有卫星

火星的真实面貌

• 冰冷的

• 被称为"红色星球"

• 有两颗卫星

木星

火星

地球

金星

水星

太阳

46 地球只有一颗卫星（月亮），海王星、木星和天王星有很多卫星，假设其中一颗有15颗卫星，一颗有8颗卫星，还有一颗有16颗卫星。

• 木星的卫星最多。

• 海王星的卫星最少。

海王星、木星和天王星各有多少颗卫星？

在火星上着陆

你乘的飞船在火星附近。飞船着陆器部分脱落，把你带到火星表面。火星上有岩石山脉和被称为"陨石坑"的大洞。

这些陨石坑是太空岩石撞击火星表面时形成的，你的任务是测量一些陨石坑的宽度。这是你测量的结果：

25厘米　60厘米　3米　2.3米　2米

47 将测量结果按从短到长的顺序排列。

（第31页有小提示，可以帮你回答这个问题。）

1969年，阿波罗11号飞船登陆月球。这是他们的任务日历。

1969年7月						
一	二	三	四	五	六	日
	1	2	3	4	5	6
7	8	9	10	11	12	13
14	15	16	17	18	19	20
21	22	23	24	25	26	27
28	29	30	31			

7月16日　发射

7月20日　人类第一次登上月球

7月21日　返程起飞

7月24日　回到地球上

48 人类在一周的哪一天第一次登上月球？

49 这次任务花了一个多星期还是不到一个星期？

（第31页有小提示，可以帮你回答这些问题。）

火星漫步

火星着陆器的大门慢慢地打开。你走下台阶，然后踏上火星。

找到你的方向

你有一张火星的网格地图。这块小石头位于火星着陆器向右平移1个正方形、向上平移3个正方形的地方。

火星着陆器

火山

小石头

大石头

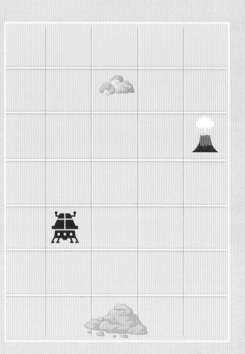

50 从火星着陆器到达火山要怎么走？

51 你如何从火星着陆器到达那块大石头？

（第31页有小提示，可以帮你回答这些问题。）

最大的和最重的

你收集岩石并将它们放入盒子中，最大的盒子并不一定是最重的，有一些盒子要放在天平上称重。

52 哪个紫色盒子较重？

A

B

53 哪个黄色盒子较轻？

A   B

54 哪个蓝色盒子较重？

B

A

55 你收集了20千克火星岩石。如果每个盒子能装4千克火星岩石，你需要多少个盒子？

56 如果每个盒子能装5千克，你需要多少个盒子？

返回地球

飞船有一个返回舱。返回舱离开飞船,把你带回地球。

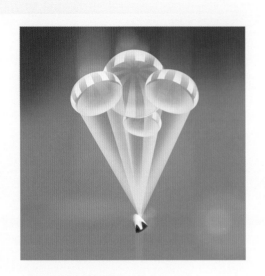

57 A.奔跑的猎豹:每小时96千米
B.返回舱:每小时38 000千米
C.高速的火车:每小时400千米

返回舱的飞行速度很快。你能把下面这些物体按照速度进行排序吗?从最快的开始。

58 返回舱使用降落伞来减速。一个降落伞有20根绳子,我们需要在下面这些数字上加多少才能得到20?

| 19 | 7 | 3 | 16 |

(第31页有小提示,可以帮你回答这个问题。)

降落在海上

你降落在海上。周围的回收工具有飞机、舰只和直升机,上面有很多人员。

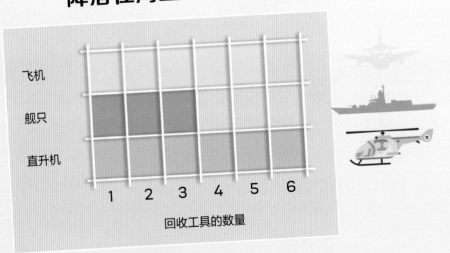

回收工具的数量

59 有多少架直升机?

60 总共有多少个回收工具?

(第31页有小提示,可以帮你回答这些问题。)

欢迎回家

你乘的返回舱在下午2时降落在海上。右边
是你和其他宇航员走出返回舱的时间。

格兰特	下午2时
玛丽安	下午2时6分
亚当	下午2时13分
你	下午2时9分

61 谁第一个走出返回舱?

62 降落多少分钟后，宇航员才全部
走出返回舱?

回家

你已经安全降落在地球上了，这是一次很棒的旅行，每个人都想听一听。首先，你需要找出数字谜题的答案，回答下面的这些问题。

63 坐直升机要多少分钟？
答案：8加上一周的天数

64 有多少医生在照看你？
答案：一周的天数加1

65 在记者招待会上你被问了多少个问题？
答案：一天的小时数的2倍

66 你有多少天的假期？
答案：组成2元钱的1角硬币的数量

（第31页有小提示，可以帮你回答这些问题。）

67 每次完成太空任务都能获得徽章。右图是早期阿波罗11号任务的登月徽章。看看下面的三个徽章，根据提示，你知道这次任务你获得的是哪个徽章吗？

- 有两个圆圈表示地球和火星。
- 有一个三角形表示太空飞船。
- 有一个正方形代表4名宇航员。

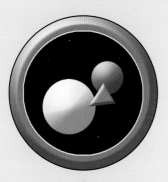

A

B

C

将来我们在太空中能走多远？我们会走出太阳系去探索其他宇宙空间吗？

小提示

第6页

偶数和奇数：偶数是整数中能被2整除的数，如2、4、6、8……奇数是整数中不能被2整除的数，如1、3、5、7……

第9页

加10：当你给一个数加10，你只需要把十位上的数字加1。19有1个10和9个1，如果我们把十位上的数再加1，就是29（2个10和9个1）。

顺时针方向：时钟指针的移动方向。

$\frac{1}{4}$ 圈：一整圈被平均分为4份后，其中一份就是 $\frac{1}{4}$ 圈。

顺时针

第10-11页

一天的小时数：半天有12小时，一天24小时，两天48小时，一周168小时。

记住这些形状的特点：

圆柱体：两端的两个面是圆形。

圆锥体：有一个圆形底座。

第12-13页

时钟告诉我们时间。将时针顺时针移动3大格，然后移动2大格，最后移动1大格，你就得到了发射时间。

数轴：这里的数轴是测量分钟的，这条线上的每一个标记都表示1分钟。

第15页

加法：在加法运算中，你可以按任何顺序相加。加10可能更容易计算，因此，如果需要加的数为11或9，则可以先加上10，然后再加或减去1。

$11 + 8$ 与 $10 + 8 + 1$ 答案相同。

$9 + 17$ 与 $10 + 17 - 1$ 答案相同。

第16页

一天有24小时，从午夜到下一个午夜。

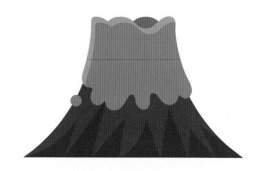

第24页

网格地图： 你可以通过向右或向左、向上或向下移动，在网格地图上画出路径。

第18页

量具和刻度： 在数学中，这些可以帮助我们"读取"测量值，了解测量的单位。例如，秤盘上的刻度表示的是千克值。

第26页

记住和为20的两个数的组合是很有用的。看看下面的示例：

0+20

1+19

2+18

…………

方块图： 这张图统计了两种信息。在图中，一个方块表示一个回收工具，不同种类回收工具所用颜色不同。该图比较了各类回收工具的数量。

第22-23页

测量排序： 检查所有测量值是否为同一单位（即它们是否都是厘米或都是米），如果不是，要换算成相同的单位。接下来，把数按从小到大的顺序排列。首先看有没有一位数，它们是1、2、3、4、5、6、7、8、9中的一个。接下来，寻找十位上是1的两位数，把个位数较小的数放在前面。然后看看是否有十位上是2的两位数，以此类推。

日历： 把日期按照年、月、日和星期顺序排列的表。我们可以横向或纵向阅读日历。在这个日历中，横向阅读可以知道一周内的日期，纵向阅读可以知道每一周的某一天（比如所有周日）是几月几日。

第28页

1周 = 7天

1天 = 24小时

1元 = 10角

答案

第6-7页
1　58
2　偶数
3　C
4　半圆
5　30千米
6　1000毫升或1升
7　B

第9页
8　格兰特31岁
　　玛丽安32岁
　　亚当35岁
9　玛丽安
10　21、23、24、25、
　　 26、27、28、29
11　A和C

第10-11页
12　D
13　B
14　4
15　4
16　圆柱体和圆锥体

第12-13页
17　下午4时（16时）
18　A是9，B是40，C是20
19　3分钟
20　10分钟

第14-15页
21　71、76和89
22　7
23　7
24　3
25　4
26　19个红超巨星
27　1个红超巨星
28　26个白矮星
29　8个白矮星

第16-17页
30　2次
31　晚饭
32　橙汁
33　6升
34　8杯

第18-19页
35　A是2厘米，B是1千克，
　　C是10摄氏度
36　绿色
37　绿色
38　60克
39　150克
40　12

第20-21页
41　水星和金星
42　小
43　海王星
44　火星
45　火星
46　木星有16颗卫星，
　　天王星有15颗卫星，
　　海王星有8颗卫星

第22-23页
47　25厘米，60厘米，
　　2米，2.3米，3米
48　星期日
49　一个多星期

第24-25页
50　向右平移3个正方形，
　　向上平移2个正方形
　　（答案不唯一）
51　向右平移1个正方形，
　　向下平移2个正方形
　　（答案不唯一）
52　B
53　A
54　A
55　5个盒子
56　4个盒子

第26-27页
57　B. 返回舱
　　C. 高速的火车
　　A. 奔跑的猎豹
58　1、13、17和4
59　6架直升机
60　14个回收工具
61　格兰特
62　13分钟

第28页
63　15分钟
64　8个医生
65　48个问题
66　20天
67　C